U0182168

稻米传奇

一 中国美食之源 一 丛书

周莉芬／主编

中国科学技术出版社
·北京·

科 影 发 现

科影发现

　　中央新影集团下属优质科普读物出版品牌，致力于科学人文内容的纪录和传播。团队主创人员由资深纪录片人、出版人、文化学者、专业插画师等组成。团队与电子工业出版社、清华大学出版社、机械工业出版社、中国科学技术出版社等国内多家出版社合作，先后策划、制作、出版了《我们的身体超厉害》《不可思议的人体大探秘：手术两百年》《门捷列夫很忙：给孩子的化学启蒙》《小也无穷大》《中国手作》《文明的邂逅》等多部优质图书。

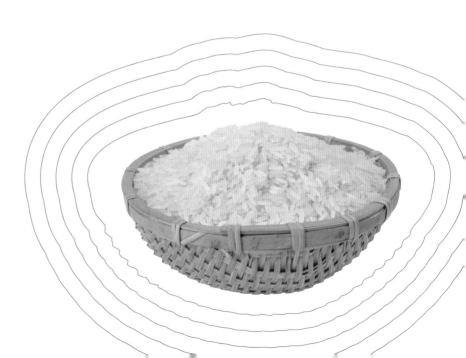

稻米，人类最主要的食物之一。

这种起源于中国南方的栽培作物，在过去数千年里，有时候翻越崇山峻岭，有时候在汪洋里随波飘零，有时候被严酷的环境扼杀，有时候在温暖的角落肆意滋长，经历千辛万苦，终于走上了世界人们的餐桌。

今天，稻米不仅是全球 60% 人口的主食，更被人们带入不同的风俗、信仰中。现在，让我们踏上稻米之路，透过一粒大米，看看这平凡食物是如何来到人类的餐桌上的。

在智慧的中国人手里，除了那碗香喷喷的白米饭，这种数千年来散发着悠悠芳香的农作物又变化无限，米被做出林林总总的饭、粥、米粉、糍粑以及极精致的餐点等各种米食。

米食凝聚了中国人近万年的智慧和经验，即使我们试图翻开中华民族的米食篇章，也不过是管中窥豹罢了，毕竟，中国人的胃是如此爱米的芳香，中国人的智慧又把米变成了无数可能。

目录

千年驯化
文明的种子

稻米在没收割前在田地里，果实饱满，密密匝匝地挤在谷穗上，这样的描述是不是让你想起了狗尾巴草？

没错，在远古年代，谷物的祖先只是可有可无的野生稻，真的就和路边的狗尾巴草没什么区别。它身材干扁，零星挂着细小的种子，随风飘扬。

不知道是哪位古人突发奇想，尝了一下野生稻的谷粒，虽然口感不佳，但是果实里的淀粉给他提供了生存所需的热量，吃下去也没什么不适。于是大家纷纷开始寻找野生稻果腹。

野生稻颗粒小、产量低，人们即使四处采集，也不能每天填饱肚子。于是，中国人开始了稻米的驯化之路，让稻米从可有可无的杂草变成了正儿八经种植的农作物。

人类驯化历程

如果古人只是简单地采集和食用野生稻，那这种行为并不构成稻作农业的起源，因为今天这种颗粒饱满的稻谷，是人类不断驯化、改良野生稻的结果。

从生物学上讲，野生稻在被"驯化"之前，就已经广泛地分布在非洲及亚洲的多个地方。我们现在说水稻起源实际指的是水稻什么时候被"驯化"的，即人类开始把它从一个野生种变成人工的栽培种。

让野草慢慢变为人们种植的粮食，到底花了多长时间？科学家给的答案是：可能经历了 7000 年到 1 万年。

也就是说，把野生稻变为种植稻，是一个漫长的"驯化"过程。"驯化"就是每次选择一些优良的种子播种，结了果以后又再从里面选择更好的种子播种，重复几千年，我们才会得到一个结的果实又多又大的作物，这个过程就是农作物的"驯化"过程。

最早发现稻谷颗粒

中国是稻米的起源地。因为"驯化"了稻米，远古的祖先慢慢放弃了自由的狩猎生活，逐渐变为围着农田耕作的农民。

1993 年，一支中美联合考古队来到湖南道县的玉蟾岩，他们来到一个海拔仅有几十米的山丘，发现了世界最早的古栽培稻。

在这里，出土了两颗毫不起眼的遗存，这是人类目前发现最早的稻谷颗粒，它们生长在距今12000 年前。

巧合的是，在距离湖南省永州市 1000 千米外的江西省万年县仙人洞也发现了距今 12000年前的稻属植硅石。

这两处遗址相互佐证了一个事实：最早将稻米作为食物的人类出现在长江流域及其以南地区。

湖南道县玉蟾岩遗址

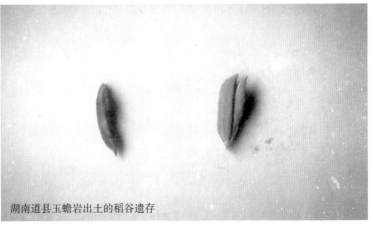

湖南道县玉蟾岩出土的稻谷遗存

稻米的食用价值率先被长江中下游的中国先民陆续开发出来，这种植物从此便不再是潮湿岸边可有可无的杂草，而是被种植在中国史前人类聚居地周围。

在浙江省浦江县的上山遗址，陆续发现了1万年前属性明确的栽培水稻、迄今最早的定居村落遗迹和大量彩陶遗存。研究表明，上山遗址发现了包括水稻收割、加工和食用的较为完整的证据链。

上山稻遗存中还发现了稻壳与稻秆、稻叶的混杂

上山遗址发现

上山遗址

现象。这说明上山人已经告别了"摇穗法"的自然采集阶段，他们把稻秆、稻叶拢在一起，用镰形器、石片石器等器物进行收割。

陶盆是上山文化最具标识性的器物，一般都是夹炭陶，最重要的是，上山早期 90% 以上的夹炭陶，都掺拌了密密麻麻的碎稻壳。浙江上山遗址提示我们，在 1 万年前，中国先民对稻米的认识已经超越单纯食用范畴。

浙江省浦江上山遗址出土的稻谷化石

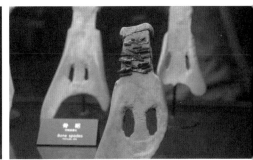

河姆渡大发现

说到稻米起源，不得不提河姆渡人。

河姆渡遗址处于长江中下游。在这里，考古学家发现了大量稻谷、稻壳，说明当时栽培稻谷的数量已经相当可观，大米已经成为河姆渡人的主要食物来源。

因为已经有长期稻作的经验，我们把河姆渡人称为"稻谷部族"。

在河姆渡，考古队员在一些陶器上，找到了十分有趣的小猪纹饰。考古学家推测，这里的先民已经开始驯养猪等家畜了。人只有吃饱了，才有多余的粮食去喂养牲畜，说明当时粮食富庶。

聪明的河姆渡人为了种植水稻，发明了很多工具，比如骨耜、骨镰等。河姆渡人用这种工具进行松土、除草、收割等劳作。

河姆渡的『锅巴』

　　在河姆渡遗址里，考古学家发现了几个敞口圆腹的陶罐，罐底的一层黑色物质经检测是烧焦的锅巴。这些锅巴告诉我们：7000 年前的祖先们，早已远离了茹毛饮血的"野蛮"生活方式，他们已经学会用水煮香喷喷的米饭。

　　古人生火煮饭，用火就不可避免地会有烧焦的情况发生，烧焦的米饭就成了锅巴。

　　锅巴的米粒变硬并结块，是米饭的另外一种形态，

考古人员在河姆渡遗址发现过烧焦的锅巴

闻着却有一股焦香，尝一块，酥脆而富有嚼劲，令人齿颊生香。不爱浪费的中国人即使遇到烧饭有锅巴的情况，也不会抛弃它，反而利用这焦香的锅巴做出了各种难忘的美食。

最出名的是南京的锅巴。在过年的餐桌上，南京人都会上一道"元宝锅巴"，元宝锅巴是用糯米"炕"成的圆圆的整个锅巴，锅巴上放一张红纸剪成的"福"字，寓意"招财进宝"。

011

河南贾湖遗址大发现

河南万亩水稻农田

稻田收割机正在收割

不仅在温暖湿润的南方出现稻米蓬勃生长的景象，在气候更为干燥的北方黄河流域，9000年前的人类也已经开始种植稻米。

在河南贾湖遗址发现了9000年前的稻米遗存，是黄淮流域迄今为止发现最早的稻米遗存。我们将浙江上山遗址发现的稻米与之比较后发现，河南贾湖遗址的稻米颗粒更大，更具食用性。这个比江南更低温，更不适合稻米生长的区域，怎么可能出现大颗粒稻米？这里曾经发生了什么？

9000年前，贾湖地区的气候和今天完全不同，当时这里气候温和湿润，平均高于5摄氏度的气温完全可以满足普通野生稻的生长条件，贾湖的先民很可能已经开始对野生稻进行"驯化"，有意识将颗粒大的种子保存下来，在来年重新播种。

013

田螺山遗址

可能由于气候变化，导致水源缺乏，使得稻米在中国北方放缓了扩张的脚步。但在温暖的南方，可有可无的稻米，开始跻身人类历史舞台的聚光灯下。

距河姆渡遗址仅 7 千米的田螺山遗址，考古学家在这里发现了大量较完整的陶器、石器、骨器、玉器等文物。这里还出土了约 170 件骨耜，这是一种农业耕作工具。不仅如此，遗迹中发现了为数众多的稻谷遗存。考古学家推测，当时田螺山的稻米产量已经相当可观。

为什么会在长江中下游地区发现这么多稻谷遗存呢？农耕生产时期，我们需要一些比较开阔的土地和

田螺山遗址

丰富的水资源，以适合农耕生产的耕作。因为长江中

下游地区能够同时存在这两种不同的生态环境背景，

而且当地有栽培野生稻的经验。

田螺山稻谷遗存

研磨好的米粉。

梁弄大糕的制作

梁弄大糕

宁绍平原米食

　　浙江省，中国文化沉淀最深厚的地区之一，河姆渡所在的浙江省东北部宁绍平原更是重要的稻米产区。不仅如此，当地对大米加工的精细程度，自古至今在我国也是首屈一指，更被华人传播到海外。

　　大米经过了一天的浸泡和加工，将会成为一种全新的食物。

　　研磨后的米粉均匀筛入一个特制木框，用特殊的工具刮出并行的凹槽，当地人称之为"雕空"。熬制的红豆馅被放入凹槽，之后用米粉均匀覆盖。用大米特制的红粉填满木制印模，加上红印之后，再经过15分钟蒸熟，一盘寓意喜庆的梁弄大糕便完成了。

　　对大米的精细加工已经成为江南生活的一部分。

017

南方稻米种植晚于长江中下游

根据稻米的特性，温暖、湿润、阳光充足的中国南方是绝佳生长环境，然而考古的发现却与之背道而驰。

广西壮族自治区，位于中国西南边陲。这个植物蓬勃生长的地区，人工种植稻米的历史却比河姆渡几乎晚了1000年。大约6000年前，这里的人们开始种植稻米。

史前人类为何不首先在温暖潮湿的南方热带地区培植稻米，反而向中国长江中下游方向延伸。这是为什么？

倒退6000年甚至更早以前，中国南部温暖的亚热带气候使得各种植物疯狂生长，当然也包括遍地生根的野生稻米。

所以，除了野生稻米，他们还有其他更多的选择。中国南部的人们往往利用现成的或天然的动植物资源就足以谋生，不需要或者放弃了开发稻作农业。

如果食物随手可得，没有人会耗费精力栽培它们。这就是中国南部地区虽然气候适合，但却晚于长江下游地区栽培稻米的原因。

百色市那坡县 6000 年前种植稻米

广西西部山区百色市那坡县吞力屯的人们以黑色为美，被称为"黑衣壮"。

黑色的衣服由蓝靛草浸染而成。他们相信，曾经治愈古代战士伤口的蓝靛草令自己的种族得以延续至今，黑色也提示他们，始终要坚毅和勇敢面对生活。

如果说黑色是关于英雄的故事，那么双鱼对吻项圈上面的水纹与鱼形纹样则暗示着他们的希望。少女成年在这里是一个不寻常时刻，母亲会为女儿准备一生中最重要的礼物，那就是双鱼对吻项圈，并且告诉她们祖先的故事。

一个故事，是多么重要才会被人们镌刻在贴身之物上，数千年里随身携带、永不忘怀。庄重的仪式一定在纪念需要传承的记忆。壮族至少有数千年种植稻米，与这种食物相伴相生的历史。今天的黑衣壮生活在缺水地区，无法以水稻为主食，但心中却被祖

母亲会为女儿准备双鱼对吻项圈

先种下一个来生的梦想，那就是变成一条鱼，回到水草丰美、稻米飘香的地方。

　　这些佩戴在身上的记忆提示我们，倒退 6000 年甚至更早以前，中国南部温暖的亚热带气候下各种植物蓬勃生长，其中就有遍地生根的野生稻米。

021

劳作工具的传承

　　稻米之路，没有丝绸之路连接大漠天际的壮阔，没有瓷器之路在海天澎湃间的悲壮，其终点也不是皇宫和城堡，而是毫无痕迹，通过手手相传的方式在民间悄然延展。

　　从栽种到收割到保存，民间手手相传的不仅有技术，还有劳作工具。

　　在贵州省黎平县黄岗侗寨，有一种半月形刀片，当地的村民把这把打磨锋利的刀具，夹在食指与中指之间，靠腕力收割稻穗，这是侗族独特的收割方式。

贵州省黎平县黄岗侗寨

打磨半月形刀片

收割稻米的半月形刀片

它有一个形象的名字叫作"摘禾"。"摘"就是将稻穗一根一根精细收割，整齐的稻穗被捆绑成为长度均匀的稻捆。由于地形崎岖，机械化收割无法进入，这种收割方式的效率低得惊人，一天下来也只能收割半亩稻田。

　　收割完稻米，将捆绑整齐的稻穗挑回村寨后，村民们还要将稻穗悬挂在谷仓里，然后再耐心地等待1个月的时间才能成为真正的食物。为了吃上一碗米饭，黄岗侗族人需要消耗巨大的精力。

侗族人的谷仓

劳作完毕的村民

贵州侗族人稻米管理和耕作

收割后的稻谷水分含量依然过高，只有经过充分晾晒才能进行后续加工，因此，贵州黎平县黄岗侗寨侗族人建起高高的谷仓，并在底部地面蓄水，既让稻米干燥速度加快，又减小了鼠患影响。

侗族人将鱼苗蓄养在谷仓底部的蓄水池里，待成熟后，再将鱼苗移入稻田里。稻田的微生物为小鱼提供充足养分。待到收割季节，稻田里已是鱼肥稻香，它们共同丰富了当地人的食物来源。

侗族人普遍居住在贵州山区，耕地面积十分有限，他们便想方设法开发土地的潜力。如何规划土地，并建立起一套行之有效的耕作系统，也许是人类最为伟大的发明之一。

草鞋山遗址老照片

草鞋山稻田遗址

1992 年，中日联合考古队在苏州市郊外名为"草鞋山"的小土墩掘开一处古遗址，这里属于马家浜文化的一部分，距今 6000 年，是迄今为止最早的稻田遗址之一。稻田的出现，对于稻米的"驯化"而言，意义非凡。

并不是说稻作产生的时候就产生了水田，而是因

　　为水田的发明，促进了稻子的区隔生产。水田更利于人们管理水稻，也更利于水稻品种的优化，所以水田是促进稻米生长的一个很重要的契机。

　　水田的发明，让人们可以更好地观察水稻、利用水稻、培育水稻，加速水稻各种方面的性状向今天成熟的"驯化"的粳稻发展。

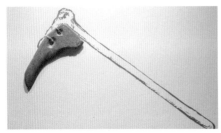

上海崧泽遗址出土的石镰

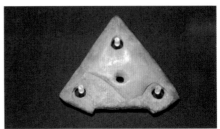

上海崧泽遗址出土的石犁

石磨

农作工具改进 促进稻米驯化

种植水稻的革新不仅仅体现在水田的发明上，还体现在各种农作工具上。

先民们陆续发明了各种舂米工具。干燥后的水稻植株，经过石舂的反复捶打，稻粒便会轻易地与茎秆分离，之后由水力驱动的石磨反复碾压，脱去稻壳。至此，小半年劳动的成果，即将成为餐桌上那道软糯香甜的米饭。

精心打磨的刀片，笨重的石舂与石磨，在工业化之前，这些简单发明是获得食物最为便捷高效的工具。成熟农具以及稳定的生态系统，使族群不必

石舂捶打稻谷

用石磨碾压稻谷，脱去稻壳

四处迁移，开始长久稳定下来。

上海崧泽遗址出土了石镰与石犁，它们属于马家浜文化晚期，距今6000年。犁和镰的出现，标志着稻作农业的规模化生产已经形成。此时水稻开始失去昔日"野性"，成为人们稳定的食物来源。

在栽培稻被"驯化"的过程中，它出现了很多改变，而其中最关键的改变，就是逐渐地变成由自然落粒到成熟后不落粒。因为只有成熟后不落粒，才能够保证人类在稻谷成熟季节能够百分之百地收获到劳动所得。

早期农业终于走向精准化

　　稻田和专属农具的出现，使得人类早期农业终于走向精准化。于是稻米种植范围不断扩大，产量急速提高。集中且多产的稻作农业，推动人类社会穿越渔猎经济，进入农业社会。这个时候，一个巨变开始在人类社会中悄然发生。食物增加和财富的积累，导致社会分化，于是城邦开始出现，并催生了最初的国家形态。

　　至此，起源于中国长江流域的稻米，已历经近万年的"驯化"和传播，这个过程几乎就是人类在自然中探索生存可能的历史。渐渐成为主食的稻米，如同

江汉平原稻田

被狂风吹散的柳絮，凭借人类的偏爱开始不断扩张自身物种的领地，成为地球上繁殖力最强的植物之一。稻米的传播，是物种演化的绝妙篇章。

在东亚这片最大的陆地上，千百年来无论发生怎样的历史变迁，稻作农业始终由南往北、由东向西传播。在中国形成的独特的稻作文明，已将影响力扩散到四面八方。

加工后的稻米

031

逐鹿中原
争夺餐桌

　　在中国北方由西向东，从干旱高原到寒冷东北，稻米用尽各种方式改变自己的生长特征，竭尽全力繁衍下来，并影响了中国人的生存条件。从稻米的故事，几乎可以看到一部中国古代简史。

　　稻米，这种依赖潮湿环境的农作物，又是如何在中国北方，与小米和来自西亚的小麦争夺北方人们的餐桌的？

　　从稻米逐鹿中原向北挺进的历程中，我们可以发现，农作物的竞争，其实是人类世界的缩影。

小米遗存

一望无际的雪山草地，令中国西部边疆充满艰难险阻，这种地理环境确保了东亚大陆的稳定与安全。千百年来，那些历经艰险、横穿亚洲大陆的旅行者，悄然改变了中国北部的饮食习惯。

种植粟和黍两种作物是我们中国北方的农业起源。所谓粟就是我们现在所说的谷子，所谓黍就是我们现在所说的糜子，两种都可以称作小米。

从甘肃到内蒙古，从河北到河南，考古学家都发现了数量不等的小米遗存。到了距今 6000 年前后，

中国西部雪山景观

小米已在黄河中下游地区广泛种植。以耕种粟和黍这两种作物为特点的旱作农业，在史前已经成为中国北方地区仰韶文化分布范围内的经济主体。

在漫长历史中，稻米这种定居南方的主食如同今天的进口食品，对于中国西部的人们而言充满了异域风情。

035

东北黑土

这些年，东北那片肥沃的黑土地得到了大规模的开发。厚厚的黑土上种上了金灿灿的稻谷，种子饱吸着黑色大地的营养，禾苗似乎急着要破壳而出……原来，东北的黑土是这么适合种植粮食，真是天然的种粮宝地，难怪东北大米那么香。

黑土地，是大自然给予东北人民珍贵的礼物。黑土地是世界公认最肥沃的土壤，疏松且富含腐殖质，特别适宜农作物生长，每200年到400年积累才能形成1厘米厚的土壤，难怪人们把黑土称为"耕地中的大熊猫"。

世界上的黑土地并不多，全球仅有三块黑土区，分别是乌克兰大平原、北美洲密西西比河流域和我国的东北。这三大块黑土区都是盛产粮食的区域。

东北黑土地上的黄金水稻

东北稻田风光

在东北种植「贡米」

在东北没有成为粮仓前，很多人认为，中国北方地区气候寒冷干燥，喜欢温润潮湿的水稻难以大面积生长。但这个结论也许是一个错觉。

实际上早在清康熙年间，中国东北部便开始为朝廷种植"贡米"，当年这里的水田被称为"御粮田"。

东北地区的先民，就是在严寒的缝隙里，寻找适合水稻生长的空间，鸭绿江、图们江两岸逐渐稻米飘香。

东北先民也许没想到，脚下肥沃的黑土地恰好位于地球"黄金水稻种植带"上。

水稻来到北方

在古代，受制于交通等各种因素，一种植物要从一个地方扩散到另外一个地方，没有一些特殊的方式是很难快速扩散的。植物的种子通常是通过鸟类带到很远的地方，才得以扩散。

水稻是一种有"野心"的植物，它可不安于仅仅待在南方。这种优秀的植物穿越崇山峻岭，来到了中国的北方，而这样的扩展，花费了很长时间。

在距离西安市区 20 多千米的杨官寨村，考古学家正在发掘一个史前遗址。考古专家肯定，在杨官寨村发现了距今 6000 多年前的庙底沟时期大型环壕聚落。

6000 多年前，一个真正地广人稀的时代。这里怎么会有那么多人聚集在一起？首先它可能有高度发展的农业。这个是毫无疑问的。如果说解决不了生存问题，就不可能有这么多人居住于此地。

我们能否据此推测，眼前这片环壕遗址上曾经也

是稻米飘香？没错，因为考古学家在离杨官寨村约100千米的泉护村就发现了6000多年前的稻米遗迹。这一发现告诉我们，南方的稻米实实在在来到了中国北方地区。

杨官寨村史前遗址

041

陕西华县稻米食物 面老虎

　　如今，在距离杨官寨村 100 千米远的陕西华县的泉护村，每逢清明节，这里的人们会制作"面老虎"来祭祀亲人，这是当地一种古老的习俗。

　　"面老虎"是把糯米粉捏成老虎的样子，寓意家里人吃了以后身体生龙活虎，这道食物也成了中华民族的活化石。

等着吃『面老虎』的孩子

泉护村的村民制作『面老虎』

　　在这个宁静的乡村，一到清明，无忧无虑的孩子就等着吃家里人做的 "面老虎"。一团团糯米粉在华县人的巧手下变成了生动细腻、虎虎生风的 "面老虎"，刚出炉的 "面老虎" 洁白如玉，散发着糯米的清香。只是孩子们或许并不知道，6000 多年前就已经有先民在这里耕耘制作 "面老虎" 的原料了。

043

关中地区稻田

泉护村遗址发现的
碳化的稻米

水稻
在关中扎根

在泉护村遗址发现了一颗炭化的物体，经过鉴定，它就是 6000 多年前的稻米。

遥远的新石器时代，水稻已经在关中地区扎根落脚。

水稻水稻，有水就可以种稻。当时的关中地区水源比较丰富的，所以这里从西周开始，到汉朝，到唐朝，水稻种植一直是比较发达的。

中国最古老的诗歌总集《诗经》中就有"滮池北流，浸彼稻田"的描述，说明当时通过人工灌溉和水温调节，水稻种植在北方取得成功。

三国之后，不仅在关中地区，今天的北京、河北南部、山西南部以及河南南部等地都已经有了广泛的水稻种植。

陶错中的小米

今天，我们把稻田耕作看作理所当然，但在数千年前人们的眼中，这种平整、漂亮，一望无垠的稻田却是一个奇怪场面。风景优美的稻田，其实是人类经过漫长时间，对稻米"驯化"的结果。

"驯化"稻米这种来自南方的农作物，似乎数千年前，在中国北方已经取得一些胜利。然而，当稻米面对黄河流域那些耐旱作物的时候，还是后劲不足。

陶错

小米遗存被吸附在密密麻麻的孔洞中

在粮仓底部发现了大量的"粟"

　　　　这些炭化谷物，就是当年田建文在粮仓底部发现
的。经鉴定，它们正是小米，也就是五谷中的"粟"。

　　在山西侯马乔山底村，考古专家发掘了两座距今
4000 多年的粮仓，其容量大约分别为 25 立方米和
40 立方米。在粮仓底部发现了大量的"粟"，即小米。
按照推算，这片土地下发掘出的两个粮仓总共可储存
大约 4 万千克小米。

　　不仅如此，田建文还在距离粮仓遗址仅仅几十千
米的地方，发现了这些 6000 年前的陶锉。这些陶锉，
是 6000 年前当地先民的耕作工具。令人震惊的是，
大量小米遗存被吸附在密密麻麻的孔洞中。数千年前
的有机物，还能如此完好保存下来，除了证明当地气
候干燥之外，也说明 6000 年前，小米已经在黄河流
域普遍种植。

　　所以，即使北方已有稻米耕作，北方先民的主要
粮食也还是小米。

东北稻田风光

东北的农民在插秧

到稻田劳作

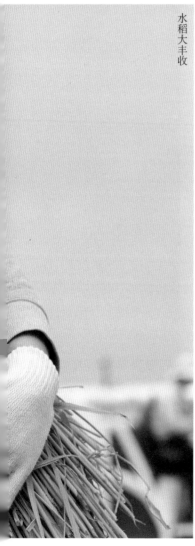

水稻大丰收

稻米在北方
从未停止探索

　　与耐旱的小米相比，稻米，这种来自中国南方的作物似乎有点水土不服，但是在人类社会，稀缺才是紧俏资源，正是这种对稀缺资源的追求，让稻米没有在北方就此却步。

　　孔子提道："食夫稻，衣夫锦"。说明在当时的北方地区，食用稻米竟然被视为人生极乐。因为稀缺，反而得到了人们的青睐。中国人此时竟然开始以是否能食用稻米来标示自己的阶级和身份。

　　在很长一段时间里，御稻米只是作为御膳，或是一种赏赐，供皇帝及其身边的达官贵人享用。常吃稻米的北方人往往是富贵阶层。

　　但正是对这种稀缺食物的追求，稻米始终在中国北方广大地区，尽己所能地发挥其生物特性，在严酷自然竞争中寻找最基本的生态位置，哪怕是委曲求全也在所不惜。

049

稻米在西北

祁连山下的黑河

张掖，位于中国甘肃省西北部，其地名来自"断匈奴之臂，张中国之掖"的含义，位于古丝绸之路上的这个地方，是游牧民族和农耕民族必争之地。泛着土红色的群山如同一团团烈火，令这个壮观的丹霞地貌寸草不生。

祁连山上的雪水融化后形成中国第二大内陆河——黑河，河水在张掖市穿城而过，滋养出沙漠中的大片绿洲和湿地。在距离张掖市中心 70 千米之外的乌江镇是张掖地势最低的地区，祁连山的雪水犹如清泉，加上西北高原充足的阳光，为乌江镇水稻生长提供了优良条件。

乌江镇的人们就在水边种植稻米，于是这种作物在大西北，一片不毛之地的包围中茁壮生长。虽然在这里，水稻还是被大片的玉米地包围，稻米在这里也未成为主食，但是依旧有人小规模地种植水稻。

过去的千百年里，水稻在西北的局面似乎就是这样。总是被包围，又总是绝地逢生。

南京鼓楼

第一次
衣冠南渡

　　在陕西华阴市东 9 千米处，发现了京师仓遗址。京师仓又名华仓，修建于汉武帝时期，位于汉漕渠东端，为首都长安贮存、转运粮食的国家大型粮仓。

　　2000 多年前，大量粮食从全国运送于此之后，经过渭水往西，源源不断运到长安，保障首都粮食安全。秦汉之际，这里曾经多么繁华和美好。

京师仓遗址

西安鼓楼

然而一切在秦汉盛世之后被改变。

　　穿越丝绸之路，前往中国的，除了西亚文化和全新农作物，还有强悍的骑兵。公元 311 年，由西而来的匈奴攻陷洛阳，俘获晋怀帝。西晋政权灭亡，东晋政权在建康（今江苏南京）建立。这是中国古代政治和文化精英，首次集体迁往南部的长江流域，史称第一次衣冠南渡。

053

无锡古运河景区

大运河的诞生

西晋末年，匈奴攻陷洛阳，为逃避北方战乱，西晋皇族和贵族被迫南迁，当然一起南迁的还有许多老百姓，这就使得长江中下游地区开始展现蓬勃经济活力。

隋唐时期，随着北方政权的恢复，朝廷对稻米的需求出现越来越旺盛的趋势。为此，历史上的政权都一直在努力扩大北方的稻米供应。然而，北方适宜水稻生产的地方非常有限，怎么才能让南方的稻米运到北方呢？于是，京杭大运河这一伟大的工程诞生了。

隋唐时期的大运河以东都洛阳为中心，南起余杭（今杭州），北至涿郡（今北京），恰似"之"字。

大运河建好后，如果我们将运河看作血管，那么在里面流淌的农产品，绝大部分是来自江南地区的稻米，这条运河对于北方的重要性不言而喻。

运河上的粮仓

始建于隋朝的洛阳含嘉仓从唐朝开始成为国家粮仓，当时被称为"天下第一粮仓"。

在今天的洛阳老城区，考古学家发现了一块长32.5厘米，厚度为6.5厘米的窖砖，上面记载了含嘉仓1000年前的地窖信息。窖砖上记载的地方遍布大量地窖，文字显示，地窖中保存着苏州地区上缴国库的稻米。

至今我们依旧能看到这些地窖的入口。每个圆形的植物所标记的位置就是一个地窖入口。迄今为止总共发现了287座地窖，它们东西成排，南北成行，排

洛阳老城区

隋唐含嘉仓遗址

列井然有序。

　　以今天的标准换算，一个这样的地窖大约能储存 50 万斤粮食，仅含嘉仓这些地窖便能储存 14350 万斤粮食。这个储量意味着什么？

圆形的植物所标记的位置就是一个个地窖入口

　　公元 749 年的唐朝，当时全国粮食总量为 1260 多万石（唐朝 1 石约为 53 千克），而这个含嘉仓就保存着 580 多万石，占了将近全国一半的粮食储量。

天下第一粮仓在洛阳

南粮北运

天下第一粮仓含嘉仓为什么会建在河南洛阳？洛阳，正好位于南方粮食产区和首都长安的中心点，是当时的财富中心。

洛阳是中国历史上最重要的城市之一。在长达4000多年的时间里，共有105位帝王将此定为国都。在漫长历史中，曾长期掌握中国的命运。

武则天登基之前，唐代政权中心和大量人口主要集中于都城长安附近的黄河流域，但这里的粮食供给匮乏。据《资治通鉴》记载，公元682年，在唐高宗前往东都洛阳途中，竟然有身边侍卫饿死的情况发生。

洛阳隋唐城遗址公园

由此可见当时粮食异常匮乏。

　　武则天登基之后定都洛阳。唐朝的首都搬到洛阳之后，供给问题从此不复存在，大运河将苏州、淮安等江南产粮区的大米通过运河源源不断运到洛阳。

　　南方的粮食大量涌入这个新的政权中心。这里南粮北运，积篅盈藏。今天在洛阳留下规模巨大的粮仓，就是稻米在中国古代政治运行中留下的足迹。

洛阳含嘉仓遗址

杭州富义仓遗址公园

漕运开辟

　　唐代之后的数百年，来自草原的蒙古人在维持漕运的同时竟然更进一步，开通了粮食的海运之路，将南方生产的稻米直接通过海路，运输到天津再转运元大都。

　　而到了明代，在北京城内的东北角，建立起了一个专门存储海运粮食的仓库，因此命名海运仓。今天的海运仓遗址已经被改造成文化园区。

　　今天，当我们坐在中国北方的餐桌旁吃着香喷喷的大米饭，或者用大米来制作各种食物的时候，绝大部分的人并不知道，在过去的千年里，人们经历了多少的艰辛和磨难，才将这份精美食物呈现在北方的每个餐桌上。

京杭大运河畔两个皇家粮仓

　　在京杭大运河畔曾经有两个著名的粮仓，一个是杭州的富义仓，一个是北京的南新仓。杭州的富义仓是清代国家战略粮食储备仓库，是南粮北调的始发站。北京的南新仓是明清两代的皇家粮仓，是南粮北调的终点站。

乘风破浪
走向世界

在中国的土地上，稻米从南向北扩张。

在世界的版图上，稻米漂洋过海，探索无尽的远方。

水稻，毫无疑问是一种顽强的植物。在依靠人类培育的几千年后，它几乎遍及整个地球，它之所以能成为人类世界三大主食之一，绝对不是仅仅在中国传播那么简单。

马来半岛的稻米与中国有关

2016 年年末，卡斯蒂洛等三位考古学家，在世界著名的《文物》杂志上发表了一篇关于海上丝绸之路沿线农作物考古成果的论文。

这篇文章为我们揭开一个前所未知的奥秘。考古学家对马来半岛两处约 3000 年前的遗址考察后，发现大量稻米遗存。当他们通过严格的科学手段鉴定后，发现一个令人震惊的事实。

位于南洋的马来半岛，这里出土稻米的基因竟然与中国有关。换句话说，这些 3000 年前的稻米源自中国。

卡斯蒂洛考古的图片资料

马来半岛发现的稻米遗存

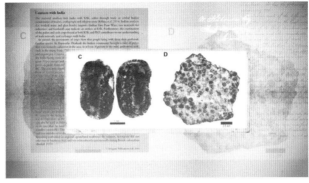

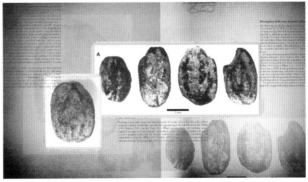

　　不仅如此，在中国的福建省将乐县的南山遗址和台湾南关里东遗址，都发现了大量 5000 多年前的炭化稻米。这两处发现，为探索海峡两岸早期文化交流以及稻作农业的海洋传播提供了重要考古证据。

065

日本的稻田风光

日本稻作文化

四面环海的日本列岛，人们理应对海洋食物更感兴趣，但稻米却意外地成为这个国家餐桌上不可忽视的角色。

作为日本文化符号的相扑运动，其起源也与日本稻作文明密切相关。

曾经在日本有一种非常罕见的相扑，那就是"一人相扑"。赛场上，一个相扑选手与想象中的对手较量。

乘风破浪　走向世界

日本的《四季农耕图》，最初相扑是
农耕文明的祭神仪式上的活动

看起来如同单人舞蹈。

　　谁是这个力士的对手呢？是稻子的"稻灵"。这
种相扑会分三个回合，让"稻灵"赢两次，人类只能
赢一次。通过让神明取得胜利，来祈祷这一年里的稻
米丰收。

　　跟"稻灵"的较量，总是以人类失败告终。日本人
希望通过这种屈服和崇敬来取悦稻作之神，获得丰收。

067

与稻米有关的日本相扑文化

日本相扑起源于供奉神明的仪式。从"天下泰平""五谷丰登""风调雨顺"的祈愿仪式开始，诞生了相扑。

相扑比赛的场地由泥土铺就而成。选手们进入场地后，要先撒盐祛除污秽。然后踩踏夯实泥土，每天都以这样的重复动作来感激土地的恩情。

相扑裁判手上的扇子，也就是被称为军配的这个东西，上面书写"天下泰平"或"五谷丰登"的字样。

不仅如此，这个场地周边，由一圈坚固的稻草绳环绕。比赛中，谁先把对手推出草绳围成的场地，谁

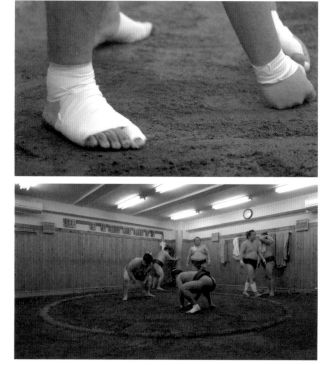

相扑场地有环绕的稻草绳

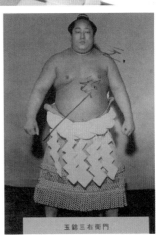

横纲腰上盘系的腰带

就赢得胜利。这个结局似乎在暗示，离开稻作世界的人将是一个失败者。

相扑选手中，顶级的人被称为"横纲"。只有"横纲"才有资格在腰间系上这种腰带。

"横纲腰带"是腰间沉重的装饰，起源于悬挂在神社入口的稻草注连绳，人们一旦跨过草绳就意味着进入神界。稻草，划分了日本世俗和上天的界线。因此，有资格佩戴注连绳的横纲，在日本被视为地位极其崇高的人物。

可见在日本，稻米也是很特殊的存在，对稻米的崇敬已经深入到人们的精神世界了。从日本的信仰、祭祀来看，稻米的地位是粟米、稗子、麦子之类的其他杂粮不能比的。

在日本的徐福像

日本祭奠徐福

在日本拥有崇高地位的稻米，究竟从何而来？先从日本春天播种前举行的盛大祭奠说起。

在这个祭典活动中，日本人祭拜的农神是一位来自中国的古人——徐福，这个祭典活动就是日本著名的徐福祭。

今天，全日本大约有 20 处和徐福有关的遗迹，人们普遍认为，日本稻米是徐福从中国带来的。

大阪府立弥生文化博物馆，收藏着众多 2000 多

日本鹿儿岛祭奠仪式纪念徐福

年前农耕时代的早期文物。其中有一件弥生时代焖米

粉的瓮能证明 2000 多年前的日本弥生时代已经出现

稻作农业。这个时间，与传说中徐福到达日本的时代

基本吻合。

071

日本人对于米食特别执着

日本米食

在日本，稻米是寻常的饭食。不管是最北边的北海道，还是最南边的琉球群岛，都以米饭为主食。

日本人对米一往情深，他们不但把大米当主食，还用稻米酿酒，也用糯米制作年糕、团子。总之，日本人对稻米的敬意深深刻印进了他们的文化基因，米食构成了日本最为人所知的饮食世界。

米果是日本最普遍的糕点，原料是糯米或面粉，米果的种类多得难以计数。

日本的饭团也叫握饭，一般都握成三角形或圆形，里面放梅子、烤鱼肉等，外层用海苔包裹。这是日本人郊游或赏花时最普遍携带的食品之一。

赤饭是日本人喜事时吃的，本来用红米煮成，后来白米普及，变成在糯米内加入"小豆"煮成红豆饭。

辽宁盘锦，一边是红色海滩，一边是稻田

稻米在海上传播

与日本隔海相望的中国渤海湾，亿万年来由于地壳变动，海水缓慢退去之后露出了一大片冲积平原，辽宁省盘锦市就位于这里，是中国水稻种植最发达的地区之一，每到秋天，便成为金黄的世界。在这里，也许可以看到农耕文明的潜力。

盘锦地处辽河入海口，境内水系发达，在田间地头耕作的农民，拉响马达之后，立刻转变为经验丰富的渔民。

海洋上，生和死往往在瞬间转换。每次出海都是一次全新挑战。只要出海，村民总是带上自家种植的稻米，遇上突发情况，这些亲手种植的食物便能帮助他渡过难关。

在中国这个农耕国家，沿海居住的农民往往兼具农耕和渔猎的特征，而随船携带的

种子将会跟随主人经历风雨和生死。有时候他们能顺利返航，有时候可能被漂荡到远方的岛屿。于是，稻米将会变成种子播撒在异国他乡。

　　我们的祖先在过去数千年里，为了寻找生存机会和遥远梦想，携带稻米种子穿越汹涌海洋，到达远方岛屿，把文明基因抛撒在异国他乡，融合在精彩纷呈的世界文化里。

越南的农民在稻田劳作

水稻传播相互性

　　最晚在约 3000 年前，原产于中国的栽培稻便到达南洋。当时远行的过程几乎九死一生。专家猜测，当时的种子有可能在亚洲大陆由北往南传播，也可能乘着季风，从一个岛屿前往另一个岛屿，并最终到达南洋列岛。

　　稻米种植不仅为南洋列国带去了食粮，更影响了这些国家人们的饮食习惯和生活习俗。

　　文明与贸易从来都是相互交融，而不是单向输出的。水稻传播到了今天的越南，在当地的培育与进化下，那里的稻种进化出了更早熟、更耐旱等特点，又以越南占城稻的名字传回了中国。

　　占城稻于宋朝年间被发掘推广，这种旱稻的到来一定程度上缓解了古代农民对雨水的极度依赖。所以，从稻米的传播，我们也能看到文明流转、交融的魅力。

077

从西南到东南亚

栽培稻的南传并不总是充满荆棘。同是位于东南亚的泰国农民，便享受着丰饶水土所带来的福利，这里土壤肥沃、日照充足，有着种植稻米的天然优势。

澜沧江流入中南半岛后称为湄公河，是东南亚第一大河，流经包括中国在内的六个国家，为古代东南亚族群之间的交流迁徙提供了便利交通。在湄公河下游有大片肥沃的冲积平原，稻米在这里找到了繁衍的天堂。

泰国有着非常适合水稻的生长条件，这里的粮食完全能自给有余，即使沿用传统的生产方式也可以收益颇丰，所以，在泰国，农民几乎都是温温吞吞、不紧不慢地劳作。

湄公河

泰国人播撒种子是如此随意

泰国种植稻米如此随意

　　每年 5 月雨季来临前，是泰国乌汶府播种的季节。一大早，村民便聚集在一起准备帮助温揣家播种，希望赶在烈日当头之前完成这项工作。眼前泰国人的播种方式，对于精细耕作的中国农民而言是不可思议的。他们将稻种随意抛撒在田地里，任其自然生长。这种方式，只存在于今天中国少数的偏远地区。在机械化科学种植的全球背景下，这种原始农业模式简直是不可思议的事情。

　　泰国乌汶府的稻作农业，基本是靠天吃饭。好在乌汶府的雨季在大多时候总能如期而至，每年 5 月到 9 月，热带季风带来充沛降水，而这正是泰国水稻从播种到收获的季节。

　　肥沃的土地和丰饶的降水，让这里的农民甚至不需要特意灌溉耕地。这些看似随意抛洒的稻种，在天时地利的关照下，最终发芽抽穗。它们其貌不扬，产量不高，却沉淀出自然的香气，飘扬到全世界。这里就是泰国香米最主要的产地。

泰国农民在收割水稻

菲律宾人们有多爱吃大米

稻米传播到了亚洲各地，对稻米的烹饪，各个国家有着不同的特色。

在菲律宾，人们把稻米这种看似平凡的食材发挥出无限想象，做出了上百种与稻米有关的美味。

菲律宾不仅以大米为主食，而且菜肴和甜点也少不了大米。菲律宾人用大米粉蒸制松软的甜味发糕，加入玉米、香芋等不同配料而制成不同颜色的发糕。

无论是以大米为烹饪食材，还是以大米为辅料搭配，总之你可以在无数的菲律宾菜肴中找到大米。菲律宾有多爱吃大米呢？据 2015 年的统计，菲律宾人平均一个人一年消耗的大米是 117 千克。

印度人在田间劳作

印度米食

印度大部分地区属于热带季风气候，北方气温最低为 15 摄氏度，南方气温高达 27 摄氏度，几乎全年均可生长农作物。加上印度河多，雨量也充沛，这些优越的地理、气候条件，使得印度成为名副其实的农业大国，它的耕地面积数量居亚洲之首。可以说，印度的自然条件是"老天爷赏饭吃"。

印度的稻米可谓稻米中的上品，有着一股浓郁的特别的香气，大米配上各种咖喱、肉汤和咖喱鸡，

印度炒饭，由长米与蔬菜、辣椒拌炒，辛香料的使用使饭充满香气

是印度南方人餐桌上最重要的主食。在印度的神话中，食物是神赋予人们的礼物，用手与食物直接接触，是对食物的一种关注。所以，印度人用手吃饭，而且还要用干净的右手来吃饭，代表是对神明的尊重。

除了手抓饭，印度人还将豆糊和米糊蒸成米饼，雪白松软的米饼，带着些许甜味，搭配咖喱和酸汤食用，是印度人不可缺少的早餐主食。

085

意大利伊索拉·德拉·斯卡拉市的稻田

稻米在欧洲

　　除了在亚洲的传播，稻米在过去千百年里还与原产于西亚的小麦、美洲的玉米争夺人类的餐桌，最终成为今天这个星球上一半左右人口的主要食物。人们的确对这种农作物喜爱非凡。只要轻轻拍打成熟的稻禾，稻谷就会掉落下来成为我们的食物。

　　今天，除了南极和北极，稻米的足迹几乎遍布了每片适合生长的土地。

　　然而，在漫长的历史中，稻米在人类世界的命运却不尽相同。这种穿越欧亚大陆的食物，在不同的形态和滋味中，展现出不一样的人类文明。

帕达纳河谷上的米坊

米坊的主人在播撒稻种

意大利的米坊

　　每年 4 月末，是意大利播种水稻的季节。帕达纳河谷一片种植水稻的农场里，有一家历史悠久的米坊。这里种植稻米的历史可追溯到 400 年前。几百年来，这里生产的大米远近闻名。

　　这座米坊是意大利以前最大的米坊之一，19 世纪初的一些农作工具还放置在这里。400 年前，当稻米来到这个农场和米坊的时候，人们也许不会料到，在遥远的意大利，竟然有人用如此的热忱在迎接和珍惜它。

意大利 最大的稻米生产国

意大利是欧洲最大的稻米生产国，每年生产约 140 万吨稻米，年度销售额超过 10 亿欧元。帕达纳河谷所在的波河平原位于意大利北部，这里气候湿润、面积辽阔、地势平坦、水源充足，非常适合水稻生长。

水稻进入欧洲地区以后，分布的范围十分有限，基本主要就是在沿地中海沿岸这几个国家。因为再到欧洲北部，连种植麦类作物都有困难了，毕竟太冷了，

所以种植水稻更不可能。

在欧洲地区种植水稻较多的都是地中海气候国家，因为湿润的地中海气候条件非常适合水稻的生长习性。

意大利帕达纳河谷的稻田

中国美食之源——稻米传奇

大米做的面包棒

大米做的面包

大米做的意大利面

092

大米做的提拉米苏蛋糕

意大利的米食

　　在今天的欧洲，小麦制成的面包占据了人们的餐桌。然而在意大利北部，情况却有些与众不同。

　　在意大利斯卡拉市，他们经常会用米粉来制作面包棒和意大利面，甚至用大米来制作提拉米苏蛋糕。在小麦面包一统天下的欧洲，怎么会出现这样的情况？

　　阿拉伯人给意大利带来了大米，也带来了烹饪大米的方法，意大利人确实没有停止对大米的探索，他们使用来自南亚的咖喱与阿拉伯传来的大米一起，制作成咖喱烩饭。

093

意大利烩饭

一道烩饭，竟然暗藏着大量东方的信息。在意大利，还有一道烩饭是芦笋藏红花烩饭，这种藏红花就是马可·波罗从东方带回去的香料，他不仅带回了藏红花，还有姜黄、咖喱等，这些在意大利的烩饭里都可以寻觅到踪影。

做烩饭的食材

烩饭中会放一些藏红花

　　来自阿拉伯世界的大米与南亚的香料，令意大利
烩饭蜚声世界，这无疑是文明融合的漂亮作品。

　　不仅是稻米，包括丝绸在内的大量中国物品都是
通过亚平宁半岛，前往欧洲腹地。意大利，这个孕育
了罗马帝国的半岛，用包容的心态接纳东方文明。

意大利稻田

稻米来到意大利

起源于中国长江中下游的栽培稻又是如何长途跋涉，穿过欧亚大陆到达意大利的呢？

中国最西北端的阿尔泰山脉，是古丝绸之路要道。千百年来，这里的人们以游牧和捕猎为生。由于得到当地贵族的青睐，稻米这种在干旱地区生长不易，数量稀少的农作物还是开始了在中国西部的艰难旅程。

关于西域地区栽培稻米的最早记载在西汉的《史记·大宛列传》里。可见，在公元前1—2世纪以前的西域诸国，已经过着游牧与农耕相融的生活。几乎与此同时，波斯商人也通过与印度北部地区贸易，将水稻带入当时的波斯地区。

公元7世纪伊斯兰教兴起以前，水稻种植就已经从今天中国的新疆地区和印度的北部，扩散到巴克特里亚、底格里斯河和幼发拉底河流域。这种作物被当地的阿拉伯人所喜爱，后又经过阿拉伯传入到了意大利，使得意大利人的餐桌上除了意大利面、比萨，还有稻米做成的烩饭。

非洲稻田

稻米传到北非南欧

公元 7 世纪后兴起的阿拉伯帝国，通过进一步的战争和贸易，将稻作文化传播到地中海沿岸的北非、南欧，并逐渐去到更远的西欧和东欧。文艺复兴时期，稻米在欧亚大陆获得了空前发展。

15 世纪，稻米随同土耳其人到达保加利亚，在菲利波波利和鞑靼·柏扎尔哲克等地种植成功。16 世纪，意大利伦巴第的低洼地区开辟了稻田，水稻种植发展十分迅速。同一时期，稻米种植引入法国尼斯地区和普罗旺斯沿海地区。16 世纪东欧保加利亚的稻米产量为 3000 吨左右。

099

稻米在俄罗斯

400 年前，稻米在全球看似成就斐然，其实更多超越地理和气候条件的阻碍却鲜为人知。即便今天，也能看到这样的故事。

在庞大的俄罗斯版图上，俄罗斯远东的小镇西瓦科夫卡小到几乎可以忽略不计，但这是俄罗斯稻米种植版图中一个不可忽视的坐标。

俄罗斯西瓦科夫卡镇

　　此地人烟稀少，安静异常，一年有大半的时间笼罩在寒冷之中，公路两侧是一望无际的冰封土地，在这片冻土上，稻米在努力扩展自己的领域，完成了一个似乎不可能完成的任务。

　　在这里，有中国人租下了1000多公顷土地种植稻米，解决了当地人的生计问题。虽然面对陌生社会和严酷自然条件，但中国人还是用了整整八年时间，将西瓦科夫卡的大片荒地变成万亩水稻田。今天，俄罗斯是欧洲的第三大稻米生产国。

101

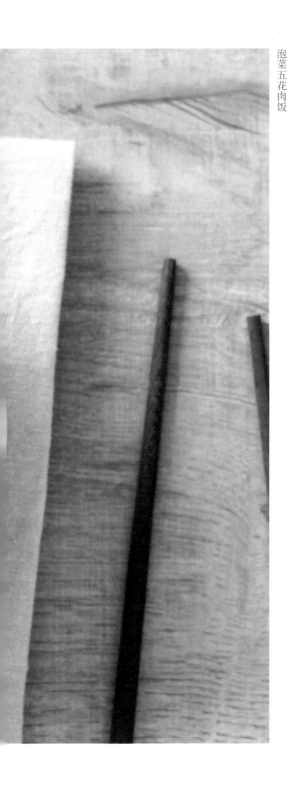

泡菜五花肉饭

稻米在朝鲜半岛

不同的气候和文化差异，给稻米传播带来了千差万别的可能。在上万年的"驯化"之路上，稻米有举步维艰的辛酸，也有随风飘散的畅快。

在距今 5000 年前后，人们已经将起源于中国的栽培稻带入朝鲜半岛，半岛气候温暖潮湿，瞬间激发稻米的活力。这里的先民从渔猎经济脱离出来，成为种植稻米的民族，其影响力甚至扩散到整个东北亚地区。

103

餐桌之争
新的开始

　　在今天的中国，稻米可以说是最重要的主食，然而这个局面却并非从来如此。

　　1000 年前随着黄河流域北人南迁，经济中心逐渐南移。对于南方本土作物稻米而言，这确实是一个扩展自身物种的全新机会。然而，在中国北方，除了面对根深蒂固的本土作物——小米，还有来自西亚繁殖能力强悍的小麦，稻米在和它们的竞争中要取得一席之地并不是件容易的事。

　　那么，稻米这种最早出现在今天中国东南部的"驯化"农作物，最终又是如何在中国南北演化出发达的稻作农业的？

　　生命的故事，令人感动。中国南北，也因稻米的顽强而发生巨大改变。

江南的冬天

用稻米酿酒的江南

　　冬天的江南小镇萧索、安宁。小桥、流水、人家，这三个形象是中国田园必不可少的视觉元素，如果再加上精致园林和轻柔曲调，可能就是绝大部分人心目中江南完美生活的写照。

　　在江南这片被上帝宠幸的土地上，离开稻米，可能又完全是另外一幅景象。

　　发源于此的稻米以不同的形态呈现在人们的餐桌上，比如酒。

　　中国作为农业大国，千百年来，黄酒的原料都是以粮食为主，而在绍兴，其酒的原料就是稻米的一种——糯米。

南北糯米大不同

北方的糯米偏圆，南方的糯米偏长，
而北方则把糯米称为江米。

107

绍兴黄酒

绍兴黄酒，在亚洲久负盛名。这种色泽金黄的饮品和江南的风景一样，温温吞吞却直指人心，在缓慢微醺的醉意中体会人生风景。正是这种特征，令糯米在当地充满了诗意。

糯米，是制造黄酒的关键材料。每到冬至，将上好的糯米浸泡到鉴湖水中，待膨胀后蒸熟，放至合适的温度后拌入酒曲，再放入酒缸。每隔几小时，就得摸摸酒缸的温度。黄酒开始发酵之后，温度随之升高。这是酿造黄酒的关键环节，在没有温度计的时代，酿酒师的经验就至关重要。

原料一开始下缸的时候，温度保持30摄氏度左右。到后面，就要把温度一点一点降下去，降到28摄氏度以下，到最后的话，等它开耙开好了，就是不需要再保温了，就要让它冷下来了。开耙其实就是搅拌，

绍兴每天要消耗大量的糯米做黄酒

我们在采用半固态法酿酒的时候需要搅拌来调节原料的发酵。

今天的绍兴，每天都消耗着大量糯米作为原料生产黄酒，宽阔的厂房取代了狭小作坊。大量手艺纯熟的师傅，成年累月在重复相同的古老程序，为全世界提供源源不断的黄酒。

用粮食酿酒，往往建立在粮食有大量富余的繁荣社会基础上。

109

大规模南迁 促进技术提升

中国历史上有两次人口从北方向南方大规模迁徙。南迁不仅给南方带去了大量的人口，还带去了先进的文化和生产技术。

由于中国北方资源有限，直接抛撒的种子成活率低，因此发展出了一套育秧技术，也就是将种子先培育成秧苗，之后再栽种到水田中。不仅如此，为了提高成活率，还要求秧苗之间留出足够的生长空间。

那些在干旱地区，由于生存压力发展出来的种植技术来到南方之后，快速提高了水稻产量。北方水利技术的引入，加强了稻田和水资源的规划利用。

北方新技术和南方优良自然资源一旦结合，迅速在江南形成强大的稻作农业。南方地区的农业生产有一个突飞猛进的发展，整个南方地区的经济也有了突飞猛进的发展。

现在有的地方依旧保留着抛撒种子的原始耕作方式

将种子培育为秧苗

育秧后插田

即将成熟的稻米

米的丰收
促进文化繁荣

中原人南迁，带来的不仅是经济繁荣，更有文化积淀。当时的世族精英在江南这片丰饶肥沃的土地上，挥毫泼墨、饮酒吟诗，让眼前这片美景，在秀美中透出灵动与生机。即便只有半壁江山，南宋仍可依江南而繁荣富庶。宋人的雅致文化，正是建立在丰实的米仓与活跃的经济之上。

如果没有北人衣冠南渡，也许就没有眼前这片精致美景；如果没有大量农耕技术被引入，江南就不可能出现苏湖熟、天下足的壮观局面；没有粮食盈余，就不会酿制香醇的美酒；如果没有杯中的黄酒，这江南烟雨美景也不会被描写得那么柔婉动人。

江南发达的稻作农业

江浙农村丰收景观

宋代稻作农业促进经济发展

南宋以后，中国人才最集中、经济最发达、文化最优越的地方为太湖流域，就是现在苏州、杭州、绍兴这一带。

宋代是中国传统稻作技术发展成熟的时期，精耕细作让稻米的产量和质量都大幅提高。以太湖平原为例，苏州地区正常年景，亩产一般为 2～3 石。这样的产量，在满足本地消费外，更可以销售到中国南北各地。有专家推断，宋代可能是中国古代经济最发达的阶段。

115

越南农民在稻田劳作

飘香的稻米

占城稻缓解宋代干旱灾害

北宋期间有一年，南方干旱少雨。这样的天气变化在靠天吃饭、以水稻为主食的古代中国非同小可，当时人们一筹莫展。

人们突然发现，福建地区有一种毫不起眼的植物，竟然有可能解决这个难题。作物的名字叫作占城稻，也就是我们前面说的从越南传入的水稻品种。

公元 1012 年那场旱灾，正是因为朝廷发现了福建山区那些从占城来的水稻品种，问题才迎刃而解。

占城稻，是一种来自越南南部的旱稻，对水资源要求不是很高，地势很差的地方也能生长。

造化弄人，数千年前，生活在亚洲大陆东南部的百越人，随着迁徙的脚步一路往南，将栽培稻种遍包括今天越南的亚洲大陆东部和南部。

谁能料到，这些稻种再经过当地培育、繁衍和进化，出现了耐旱、耐贫瘠、特别适合在山地种植的特点。数千年后，发展出诸多特点的稻种，被赋予一个当地名字之后，竟然又返回了中国。

有了占城稻，干旱的问题迎刃而解。

117

占城稻怎么来的

占城稻如何来到中国的？这要从曾被誉为"东方第一大港"——福建泉州说起。

千年前泉州商贾云集。来自阿拉伯和亚洲各国的商人都会聚于此，将中国的瓷器、茶叶、丝绸等商品运往世界各地。

历史上的福建地区，由于可用耕地稀少，大量农民漂洋过海，到异国他乡寻找生活。今天，世界上的华侨，福建祖籍的占很大一部分。

专家猜想，在这来来往往的商船里可能就有来自越南的商人，他们甚至还可能是福建移民的后代。这些人深知故乡艰苦，所以当他们携带稻种，乘坐海船来到福建之后，便将占城稻生根落户在这延绵群山中。

复现宋代风貌

占城稻促进宋代商业繁荣

　　占城稻这个品种非常适合在长江中下游地区种植，甚至可以在土壤贫瘠的地方生长，一些山地也都被开发出来种占城稻。

　　它回归到了长江中下游地区以后很快就得以推广，成为当地一个新的高产的稻谷品种。

　　高产的稻谷一下就让长江中下游地区粮食产量提高了。粮食产量提高，人口也随之增长，北宋时候大概有一亿人口。

　　带着中国基因的越南稻种，竟然帮助千年前的宋代渡过难关。南方雄厚的稻作农业，给宋代经济的快速发展提供了基础。发达的稻作农业和对外贸易，令

宋代成为当时世界上最繁荣的国家。

　　程朱理学于宋代兴起，苏东坡、黄庭坚、张择端、范宽等名家辈出，"唐宋八大家"中有六位出自宋代。科技进步空前，中国古代四大发明中的——活字印刷、指南针和火药都诞生于宋代。

　　在对外交往中，宋代的海运贸易兴盛，将中国瓷器、丝绸、茶叶送到世界各地，强大的经济实力造就了繁荣的商业文明和城市经济。经济一旦腾飞，生活中的所有细节就会随之改变。

121

《耕织图》

南宋的水稻耕作流程和体系

南宋时期，浙江於潜县令楼璹绘制的《耕织图》以系列组图的方式呈现了完整的农桑劳作过程，其中包括水稻栽培从整地、浸种、催芽、育秧、插秧、耘耥、施肥、灌溉等环节直至收割、脱粒、扬晒、入仓为止的全过程，是中国古代水稻栽培技术的生动写照。

拥有 21 道工序的水稻耕作体系，形象地表明了当时江南稻作农业的发达程度。也将那时的江南水乡生活图景展示在世人面前。由此可见，南宋时期，中国稻作农业已经形成了比较完整的技术体系。

苏州稻米制作的点心

宋代精致生活的体现

糯米糕

上有天堂，下有苏杭。苏州两个字在中国传统上隐喻富足与美好。吴侬软语、小桥流水，还有粉墙黛瓦，共同构成了中国人理想生活的现实景象。

今天，在稻米制作的点心里，依稀可以看到宋代之后精致生活留下的痕迹。

在糯米糕上铺一层黄色的南瓜汁，然后将绿色、红色的萝卜丝点缀其中，这就是"神仙糕"。

将黑芝麻和红豆沙巧妙地放在米团中，甜糯爽口。这就是"双酿团"。

将核桃仁、瓜子仁等与糯米粉拌在一起，再加以

神仙糕

双酿团

百果蜜糕

红曲蒸熟，这就是"百果蜜糕"。

　　仅凭这些名字，就令人心驰神往。我们看到苏州的精致生活、食物，与当地在唐宋时期发达的稻作农业和经济发展密不可分。

125

运河之都济宁

元朝改
京杭大运河

在经历 150 年的太平稳定后，南宋发达的经济和文化，终究没能抵挡住蒙古人的金戈铁马，中国历史进入元朝，政治中心再次回到北方。

元朝的政治中心大都就是今天的北京，漕粮对于北方的粮食安全非常重要。以迁徙为生活方式的民族，对距离极其敏感。元代朝廷为了加强对江南的控制，在 700 多年前强行将运河改道，运河不再绕道洛阳，而从杭州取道济宁直达大都。

700 多年前的元代，每年近 100 万石，相当于近 6 万吨的稻米通过济宁运往今天的北京。700 多年前连接中国南北的京杭大运河，令济宁"丰物聚处，客商往来，南北通衢，不分昼夜"，于是被称为"江北小苏州"。

127

复原元朝海运的场景

元朝海运

元朝政府每年将南方六路的稻米调运到扬州，再通过大运河输送到中国北方广大区域。

同时，为了克服漕运存在的弊端，元代在维持漕运的同时，又开通了稻米的海运之路，将南方生产的稻米，从长江下游出海口刘家港（位于现江苏省太仓市浏河镇）出发，经东海、黄海和渤海，运送到天津，再由天津通过内河漕运到元大都——今天的北京。

于是，江南盛产的稻米不间断地被运到元大都，保障了元大都的稻米供应，支撑着元代的政治中枢。

北方饮食变化

糊粥 铁锅炖鱼贴饼

朝廷组织大量运往北方的稻米，不仅令国家充满能量，同时也悄然改变了北方地区的饮食习惯。

中国山东自古有种植稻米的传统，但受地理条件限制，产量一直无法与小麦相比。自运河开凿后，情况就变得不一样了。稻米从济宁经过，也促进了济宁地区饮食生活变化。

糊粥是著名的运河餐饮文化代表之一，它盛行于微山至济宁的运河两岸。糊粥用大米和黄豆制作而成，莹润细腻，呈半凝固态状，很是浓稠，喝上一口，略带糊味，但米香、豆香甚浓。做糊粥很讲究火候，与锅底接触的粥要略微糊锅，但又不能糊焦过火，这样的糊味才恰恰好。

　　铁锅炖鱼贴饼是中国北方民间常见的菜肴。然而不同的是，这里的饼并非采用山东人普遍喜爱的玉米粉和面粉制成，而是由大米制成。就算是燃烧的材料也是稻秆。从北方的饮食已经能越来越多地窥见稻米的影子。

济宁段运河

铁锅炖鱼贴饼

运河上的船民

北方饮食变化
蓋肉干饭

蓋（bèng），这个最早源于中国江浙地区吴语发音的字暗示，这是一种来自南方的容器。然而，蓋肉干饭，却是因北方城市济宁而名扬天下。

经过腌制的五花肉，与面筋、鸡蛋以及其他辅料一起，放入这种产自南方的蓋烹饪。而大米则在另外一个蓋里煮熟。

这种蓋肉干饭，是五花肉与米饭搭配烹饪而成。是当年江南船民一路向北行船时必备食物。为了生活，船民将蓋和米从南方的家乡带到船上。许多年后，那些船民和繁忙的码头早已不见踪迹，他们随身携带的这种烹饪工具，连同发明的食物却留给了今天。

鬃肉干饭

江汉平原的稻田

粮仓到湖广

　　江南的船民将满船稻米不断运往北京的同时，在稻作农业最为发达的环太湖平原，一切悄悄地发生着变化。

　　明清时期，太湖流域的经济结构发生了很大变化，棉花种植的比重和蚕桑经营的扩大，压缩了生产水稻的耕地面积。简单地说，就是人们忙着种植棉花和种桑养蚕了。

　　于是，这时的主要粮食产地从太湖流域变为了两湖的江汉平原，即湖南、湖北江汉平原。江汉平原同样有着丰富的水资源，湖荡洲滩被大面积围垦为农田，农业生产技术和水平提高。而且，两湖地区双季稻的推广和普及，大大提高了土地的利用率，稻米产量更是得到了提升，所以湖广地区就取代了苏常地区，成为新的全国重要的产稻区。为此，明清时候有句谚语叫"湖广熟，天下足"。

135

常德米粉

湖广米食

位于长江中游的湖南，因大部分地区都位于洞庭湖以南，所以被称为"湖南"。

从明清开始，湖南就成为全国的水稻生产大省，自古以来就享有"九州粮仓"的声誉。

因为盛产稻米，所以湖南的各种食物也在"米"上做足了功夫，可以说，湖南是一个米制小吃大省。

说到"米"制食物，米粉一定首当其冲。如果你问一个在外地闯荡的湖南人，"你早餐喜欢吃什么？"米粉绝对会是答案之一。

对于吃米粉，湖南人是相当认真的，他们有无数种方法，把平淡的米粉做得有滋有味。

湖南的米粉有圆有扁，有粗有细，不但米粉本身有各种选择，湖南米粉的汤、码子也是各有门道。

其实"湖南米粉"这四个字并不能准确形容或概括这碗粉，因为在湖南，一个县一种方言一个米粉。常德津市牛肉粉、邵阳米粉、郴州的栖凤渡鱼粉、长沙猪油拌粉……每天早上来碗粉，是湖南人民早餐最大的乐趣之一。

百年火宫殿，为湖南文化，特别是湘菜重要发源之地

百年火宫殿，为湖南文化，特别是湘菜重要发源之地

湖广米食

长沙火宫殿不仅是长沙的文化遗产，更是能代表长沙的美食王国，在这里，你可以吃到地道的"米制食物"。

用糯米做的姊妹团子颜值颇高、软糯香甜。

八宝果饭里面的糯米极为软糯，里面还有桂圆等一系列的配料，因为蒸煮吸收了配料的甜味，入口就自带丝丝甜蜜。

葱油粑粑是粳米粉通过油炸出来的一种小食，中间空心、夹有小葱，外脆里嫩。葱油粑粑最好吃的就是外面那层又酥又脆的壳，刚出锅的时候咬上一口，热气、香气都一起涌了出来。

湖南人管圆形的饼状食物叫粑粑，在火宫殿，还有种小食叫糖油粑粑。把湿糯米粉搓成圆形，热油下锅，炸好出锅的糖油粑粑，颜色金黄，外皮脆硬，内芯软糯，无比甜蜜。

139

稻米在南方扩展

由于经济发展和人口迁徙，中国稻米产区从太湖平原扩展到江汉平原、洞庭湖平原、鄱阳湖平原、福建沿海以及珠江三角洲等地。明清时期，稻米种植面积得到快速扩大。

经过千百年的发展，稻米已经占据了这个国家大部分优良耕地，成为中国人的绝对主食。食物的丰富令人口增长，到了明清时候，人口就大量增加了。到了清朝末年有四亿五千万同胞。

人口的增长又反过来促进耕地的开拓。随着耕地开拓、人口迁徙，越来越多的土地被开发利用。

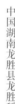

中国湖南龙胜县龙胜稻田

东北粮仓

　　尽管越来越多的土地被开发，然而在中国版图上却有一片区域，时常在我们焦点之外。也难怪，这里的景色虽然令人着迷，但生存下来似乎并不容易。

　　在辽宁盘锦，100多年前这里还是人迹寥寥。1928年，张学良发动当地百姓利用大海退去后的滩地种植水稻，并引入辽河水灌溉。盘锦人民竟然将大海留下的滩涂，变成当时中国面积最大、生产技术最先进的水稻种植区之一。这个景象令人难以置信。今天的盘锦稻田，不仅出产着优质稻米，还拥有最美丽的海边田园景观。

　　每年春天，大规模庆祝插秧的仪式在这个城市四处蔓延。之所以如此热烈庆祝插秧节，因为眼前一切来之不易。在这片土地上，能看到人类的艰辛和努力。

　　如今，在东北辽阔的平原上，已经采用最新的标准化机械生产，土地也以粮食作为最大的回报给了人们。今天，中国东北的辽宁、吉林、黑龙江三省，位列世界最优质的稻米产区。

营田公司旧址

盘锦海边田园景色

143

物种的
胜利总结

作为古代中国最主要的农作物，稻米的繁盛加速中国南部成为富庶之地，江南地区的文化和教育随之进步，辈出的人才通过科举制度涌入各级政府，甚至进入朝廷。大量来自南方的官员，最念念不忘的，还是故乡那一碗雪白的米饭。

宋代以后，那些来自南方的官员，用尽办法将稻米引种到北方。从南方到北方，再从北方回到南方，稻米在中国的传播路线几乎一直跟随着国家的政治和经济中心移动。这种作物在漫长的历史中，已经将自己和中国人的命运紧密相连，这不得不说是稻米这一物种的胜利。

大陆之南
文明之旅

今天的亚洲，稻米几乎在每一个角落都留下印记。依靠人类的创造力和自身强大的生命力，稻米，成为大部分亚洲人最重要的食物来源。

然而，稻米有着鲜为人知的另一面，它将脱离单纯的食物范畴，与性格和信仰紧密相连。

稻米和人类一起经历残酷战争，面对险恶自然，这些非凡的共同经历，让它成为我们生活中不可分割的部分。以至于在亚洲东南部的广阔区域内，稻米得以超脱单纯的食物范畴，成为关乎生存、财富甚至人类感情的重要元素。

稻米的脚步走向日本、朝鲜半岛、东南亚，再到西亚乃至亚欧大陆另一端的意大利，起源于东亚地区的宗教、文化和艺术，都跟随稻米的种子传播到远方，成就着历史长河中叹为观止的文明和一幕幕令人感动的生命故事，也造就了精彩纷呈的世界文化。

从食物到财富再到生命的意义，稻米以一种独有的隐喻讲述着真实的历史。"驯化"稻米，是人类农业革命最为伟大的成就之一。从古至今，几乎所有以稻米为主要食物的族群，都呈现出类似的文化景观和民族性格。

泰国香米

泰国乌汶府

从云贵高原到泰国乌汶府

乌汶府位于泰国东北部，这里土壤肥沃，常年高温多雨，占有泰国耕地面积的 49%，是东南亚最重要的稻米产区之一。

从古至今，中国和泰国之间的大米贸易都扮演着重要角色。

时至今日，在世界范围内，无论是排名前列的大米生产国还是出口国，主要集中于亚洲大陆的东南部。这种养活了全球一半人口的弱小植物，到底是如何把自己的物种扩大到如此规模？

成书于战国时期的《周礼》记载，2000 多年前，越南等东南亚地区的人们，并不以颗粒食物为主，也就是说谷物种植农业在当时并不具备规模。

那么今天广泛种植于东南亚的稻米又是从何而来？紧邻东南亚地区的中国云贵高原，也许为回答这个疑问提供了一种可能性。

149

云贵高原的糍粑

距今 4000 年左右，由于部落间战争，大量生活在长江中下游的民族被迫迁徙，将稻作技术向西南地区不断传播，至少在距今 3100 年左右，稻米种植技术进入云贵高原。

水稻，在苗族人们心里可是非常重要的。在整个迁徙过程当中，什么都可以丢，但是稻种绝对不能丢。

在民族迁徙的过程中，苗民不仅要保存好种子，

制作糍粑

将其带到可能落脚的地方，更要将其变成能够在严酷条件下保存的食物，于是糍粑出现了。

　　每当节日来临，捶打大米的声音总是在山谷间回荡，这是苗民在制作糍粑的声音。捶打大米就是要将其形态彻底改变，成为一种适合苗民生存状态的食物。

　　糍粑柔软香甜，充满了大米的清香。如果将其晾干变硬，还能长期保存，成为漫漫旅途的食物保障。

云南哀牢山的农民带着耕牛登上数百米海拔的山地

哈尼人对种稻的执着

中国西南部的崇山峻岭，缺乏耕地的恶劣环境对栽培稻的传播困难重重，如果没有新的耕作手段，随人们四处迁徙的稻种也许会被阻挡在群山之外。但是，人们对食用大米的执念，为稻米填平了难以逾越的万千沟壑。

在云南哀牢山，春天播种开始之前，哈尼族的农民要牵着耕牛登上数百米海拔的山地，才能到达自己的梯田田边。崎岖山路和原始的农业劳作方式，耗尽了他们的精力。

红河河谷的水蒸气在哀牢山区被冷却之后，形

成弥漫浓雾。每年长达半年以上的雾气，为哈尼人
带来了充沛的雨水，为本不适应种植水稻的山地提
供了充足水分。不过千余年前，与苗族一样因战乱
四处迁徙，最终停留在哀牢山的哈尼人，当年面对
的却是无尽群山。

　　人们必须在陡斜的山体上，依据山势开出沟壑，
然后用石块黏土筑起田埂。这种修改山体的工作花
费了数十代哈尼人的努力。水稻最终在这里艰难生
根发芽。

田间劳作的农民

153

哈尼新米节

这一天是高那脚家过新米节的日子。每年9月稻谷金黄时，哈尼族的一家之主便会来到田边，挑选穗长粒大的稻米，精心捆扎之后带回家中。每一粒稻谷都虔诚地手工脱壳，然后再加入去年的陈米一同蒸煮。用混合着新旧大米的蒸饭，来感谢祖先保佑丰收的同时，也祈祷今年能有更好的收成。

新米节过后，哈尼人便开始大规模收割。对于迁徙的族群而言，自然环境往往无法选择，但种植何种粮食作物却是可以自己决定。同样耕种条件下，水稻的产量往往领先于其他大部分作物。尽可能获取食物，是族群繁衍的基本保障。这便是人们无法割舍稻米最根本的原因。

捆扎稻米

新米节，孩子穿上节日盛装

祈祷丰收

元阳哈尼梯田

生蒸饭

哈尼生蒸饭

　　由于哈尼族生活在山区，上山下河、挖地耕田路途遥远，十分劳累辛苦，需要很多能量，因而哈尼族人特别喜欢吃比较耐饿的生蒸饭。生蒸饭哈尼语称"和车"。

　　比起普通的煮饭，生蒸饭工序要复杂一些，首先将大米用水浸泡数个小时，控干水后再把米装甑生蒸，熟了以后把米饭再倒在大木盆里，加开水反复搅拌，待所加的水全部被米饭吸干之后再进行第二次蒸，上气蒸熟之后即可食用。

　　生蒸饭有"不易馊，吃后耐饿"的特点，走远路、干重活的哈尼人带上美味的生蒸饭足以顶饿。

云南省西双版纳

稻米入药

秋收过后，云南勐海县勐混镇曼蚌村进入农闲时节。

经常会有人在铺满杂乱秸秆的稻田里面寻找稻孙。稻孙，就是收割后的稻秆重新生发的嫩芽。虽然它们无法转变为可以食用的稻米，但将这些稻孙和草药一起放入新鲜竹筒蒸煮，可以利用稻米性甘味平与竹液祛痰健胃的自然属性，达到消除积食、缓解胃痛的疗效。

据人类学家考证，起源于澜沧江上游的傣族先民，是长江中下游百越族群的直系后裔。百越族是世界公认"驯化"稻米最早的族群，傣族人与稻米有近万年相生相伴的历史。他们凭借对自然的理解，不断挖掘农作物的用途，将稻米与健康甚至生死紧密相连，制作各种方剂，成为傣族传统医学的重要组成部分。有一种用稻米制成的黑色药膏，被这里的人们认为有神奇疗效。

利用稻米做成方剂，这种流传了千百年的治疗方法，在今天傣族乡村里，依然与现代医学并存。

稻孙

用稻米制作方剂

制作好的方剂

师公舞，祈祷稻米丰收

回顾世界历史，原始信仰往往会与重要的粮食作物建立紧密的联系，高深的理论通过对植物生长或耕种方式的阐释，而变得易于理解、迅速普及。如小麦，就与欧洲文化密切相连。同样在亚洲，稻米种植与各国民俗有着千丝万缕关系。

师公舞，这是古代壮族模仿青蛙动态的一种祈祷方式。青蛙，由于能够捕捉稻田里的虫害，而被壮族人民崇拜。

师公舞绝非孤例。活动中使用的一种雕刻青蛙图样的铜鼓，是一种史前祭祀用具，广泛存在于东南亚以稻米为主食的国家。

青蛙所代表的繁殖能力，对于崇拜者而言，也具有祈祷子孙长盛不衰的意味。而这一切都有赖于稻米的丰收。

「乞食」仪轨

在泰国的四色菊府和那空沙旺府，每天清晨都会响起钟声，这并非针对僧侣，而是提醒寺庙周边的人们，佛陀定下的"乞食"仪轨要开始了。

"乞食"这个词，换一个我们比较熟悉的说法，就是"化斋"。乞食是古印度修行者最基本的修行方式之一，来自四方的白米饭和稀粥一次又一次充满佛陀的托钵。

因为修行人一心专注修行，并不从事劳作，所以想要长养性命，乞食就是最基本的生存方式。"乞食"也是要求僧人们戒除傲慢、不贪恋美味而专心功课；另外，以乞求食物这种方式更多了解生活的本质。体会食物的来之不易是泰国僧侣日常的重要修行。

稻米与东方文化有着古老关系。传说佛陀在世的时候，稻米曾滋养他柔弱的身躯和深邃思想。稻米色泽纯净、形态饱满，象征着智慧与宏大情怀，是纯洁的食物。

163

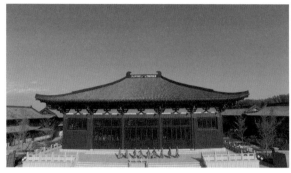

净住寺的尼众

净住寺尼众收割稻米

清晨，辽宁净住寺，新的一天开始了。净住寺后面有近 300 亩稻田，在每年 10 月收割的季节，尼众们会有一次严格的考验——收割稻米，尼众们会把这次考验当作全年最重要的时刻。她们进入稻田，只专注于身边的稻作，在辽阔的金黄色中重复简单动作。她们把这次考验当作一种在自然中直面自己的机会。

在净住寺以传统方式备饭和吃斋是重要功课。依照寺庙戒律，比丘尼必须完全吃素，而且所用的食物绝大部分是自己生产得来。当她们的钵里盛满了自己种植的大米，修行在这种方式中得以精进。种植稻米是她们的重要功课，尽管在今天已经极其罕见。

　　在1000多年前佛教盛行的唐代，大量僧侣成为国家负担。在这个背景下，著名的百丈禅师立下"一日不作，一日不食"的清规戒律，在劳作中修行，成为僧侣奉行不渝的信念。

　　思考生命的意义是一个永恒命题，而生命的本源便来自粮食的滋养。几乎所有的人类文明，都对粮食奉若神明，将其看成生命之源，通过粮食感悟生命的意义。

（右一丁颖）

1936 用野生稻与栽培稻杂交
获得世界上第一个水稻"千粒穗"品系

（左二黄耀祥）

20世纪50年代末 黄耀祥主持研究"水稻矮化育种"

（左二袁隆平）

1974 育成第一个杂交水稻强优组合南优2号

为稻米付出的科学家

　　稻米，世界上约 60% 人口的主要粮食。在中国，为了在有限的耕地上养活日益增长的人口，科学家们不断探索提高稻米产量的方法。

　　丁颖，中国现代稻作科学奠基人，20 世纪 30 年代，在国际上首次将野生稻抗御恶劣环境的种质转育进栽培稻中，育成 60 多个优良品种，对提高水稻产量和品质作出重大贡献。他创立水稻品种多型性理论，为品种选育、良种繁育和品种提纯复壮奠定理论基础。

　　黄耀祥被誉为"中国半矮秆水稻之父"。20 世纪 50 年代，他开创了水稻矮化育种，培育出矮秆、抗倒伏、多穗型的水稻新品种，致使中国矮秆品种的育成、推广及应用，比其他国家的"水稻绿色革命"领先 10 年，这是新中国水稻单产的第一次绿色革命和飞跃。

　　紧接着在 20 世纪 60 年代，被誉为"世界杂交水稻之父"的袁隆平在国内率先开展水稻杂种优势利用研究，并获得成功，为大面积推广水稻杂种优势奠定基础。他提出杂交水稻的育种发展战略，和超级杂交水稻育种技术路线，成为世界杂交水稻育种发展的指导思想，为世界粮食安全作出了巨大贡献。

167

稻米，毫无疑问是人类最喜爱的粮食作物之一。1万年前，这种野生植物从温暖潮湿的中国长江中下游地区起源，经过成千上万次演进，成为今天我们看到的这个模样。在今天的地球上，除了南极和北极，几乎每片适合生长的土地都能发现稻米的足迹。

1万年前，我们的祖先之所以对野生稻感兴趣，也许他们认为可以将种子储存起来，以便应对未来的食物短缺。没想到，这个微小动机促使中国人走上稻作农业之路，

于是，便出现了一连串历史波澜。在漫长岁月中，稻米的故事伴随了整个人类文明过程。稻米，在人类世界拥有如此重要的地位，似乎难以置信。但谁也不能否认，这种食物给予地球上60%人口源源不断的能量，支撑我们度过生命中悲伤或快乐的每一天。

稻米，一种平常但伟大的食物。

稻米参与人类文明

芬芳米食
浓郁香味

中国人以米饭为主食，但米又不仅仅限于主食那么简单。

从青翠的秧苗，到金黄的稻谷，再到透着香气的米粒，稻米这种食物在中国博大精深的美食文化中，配合着我们各地的文化和饮食习俗，变出了美味佳肴，变出了属于中国特有的好滋味。

无论是单独制作还是与其他食材搭配，由米制成的美食那种游离氨基酸和游离糖的味道总是让人欲罢不能。人们将各种米做成五花八门的奇特美食，这不仅融合了当地的风俗特色，还充满人们的智慧和想象力。

粽子、米粉、糍粑、肠粉、米豆腐、米粑粑、乌米饭……除了餐桌上那碗热气腾腾的大米饭，中国人将稻米运用到极致。

米饭的千般滋味

我们已经煮了几千年的白米饭，中国人前赴后继在米饭上做文章。即使都是饭，也要做出千般滋味。

广东人用荷叶包住叫荷叶饭，云南人放竹筒里煮叫竹筒饭，扬州人把七七八八的食材放饭里一炒叫扬州炒饭，新疆人把羊排、胡萝卜、洋葱等放米里焖蒸就成了新疆手抓饭。

除了各地的特色饭，智慧的中国人还经常把饭和其他食材混在一起，成了我们日常生活中颇具烟火气息的美食。比如简单地放个鸡蛋一炒就成了蛋炒饭；将炒好的菜扣在白米饭上，就变成了城市搬砖人最爱的盖饭；把米和水放到煲仔锅里，再加入一些腊肉腊肠，又变出腊味煲仔饭；把排骨、南瓜、土豆放电饭煲里一焖，就成了香喷喷的排骨焖饭。

锁住山林清香的竹筒饭

173

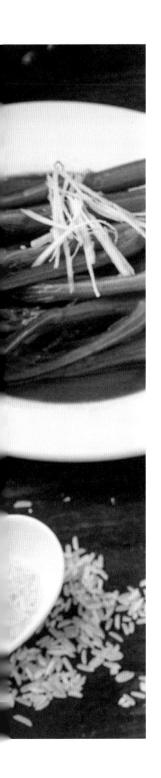

粥

同样是米和水的简单组合，多放一些水，白米饭就变成了粥。

当然，粥不是米加水熬煮那么简单，而需要细火慢熬，熬到水米融洽、柔腻如一，那样一碗绵软顺滑的大米粥才算做好了。若是家里有病人，一碗透着温厚质朴的粥，是熨帖病人肠胃最好的食物。

提到粥，不能不提广州。"有粥食粥，有饭食饭"，粥在广州人心目中和饭有着同等重要的位置。

因为重要所以讲究。"武火煲滚，文火煲透，冬春稠，夏秋稀"，不管是对粥底、做法和火候，广州人都做到了极致。在广州，米水与配料同时放入煲中煲制，稠度比较高的粥叫老火粥。粥煲好后，再加入各种生鲜食材，稠度相对比较低的叫生滚粥。

老火粥起码熬三个小时以上，米与其他食材经过熬煮，相互交融，甘香醇厚。皮蛋瘦肉粥、下火粥、药膳粥等都是老火粥。

生滚粥则是预先熬煮好的白粥做粥底，经过回锅加热至沸腾，再加如猪肉、牛肉、鱼片等新鲜的肉料，滚熟即可。生滚粥既有粥的绵滑，肉又能保持鲜嫩，用一句俗语概括便是"一啖滚，二啖熟，三啖口有福"。

175

米包于外藏于内

饭、粥都是以米为主角。在中国人的餐桌上，还有许多菜点中有米，有的米粒包裹在外，有的米泽藏于内。

比如珍珠丸子，就是在肥肉、瘦肉做成的丸子外面裹上糯米，上锅蒸熟后，粒粒白米晶莹透亮、发光油亮、晶莹剔透，形似珍珠，咬一口，软、糯、鲜、香。和珍珠丸子有异曲同工之妙的还有糯米蒸排骨。

米藏在食物内的就更绝妙了，比如上海人的心目中的一道节庆大菜八宝鸭，所谓八宝，有鸡丁、火腿丁、鸭肫丁、冬笋丁、香菇丁、杏仁、栗子、干贝等，与洗净的上等糯米一起拌匀，再加酒、盐、葱、姜等调味，塞入鸭膛内，再把膛口缝好。鸭子下油锅炸40分钟，然后垫上粽叶上笼蒸4小时以上，待到出笼，香味四溢。

江南特色名点桂花糯米藕融合了藕的鲜脆和糯米的甜润，是冷餐中当仁不让的佼佼者。把糯米填满藕洞，配以桂花酱，在晶莹剔透的糖汁覆盖下，糯米藕散发着诱人的光芒，咬上一口，清香软糯，桂香浓郁，满嘴糯香久久不会散去。

珍珠丸子

桂花糯米藕

烧卖

　　烧卖也是米粒藏于内的一个典型代表。它藏匿江湖，已有多年。早在元朝的《朴通事》里就有"以麦面做成薄皮，包肉蒸熟，与汤食之，方言谓之稍麦"。

　　丰沛的草场适宜放牧牛羊，那里的烧卖以羊肉生姜大葱做馅儿，喷香可口。现在呼市还保留着"一两烧卖半日茶"的烧卖文化。

　　烧卖到了南方，人们也试图以更低成本制作这种美味的点心，糯米烧卖由此诞生。糯米加入酱油、酱肉、火腿、甜豆、松子等辅料，再包到烧卖皮里一蒸，外皮筋道弹牙，内里软糯绵长……这样的烧卖，太南方了！

　　安徽的鸭油烧卖、湖北的重油烧卖、四川的玻璃烧卖、江苏的翡翠烧卖、浙江的笋丁烧卖……如今的烧卖在中国流变近千年后，最终成了中国美食的代表作品。

179

粽子

旧时，入夏逢端午的时候，家家户户少不得包粽子。竹叶裹米的清香飘荡在山东的黄米粽、闽南的碱粽及肉粽、四川的辣粽等各种粽子里。

作为我国历史文化沉积最深厚的食物，粽子在我国演变出各种口味，有甜有咸，里面的馅料更是五花八门。

起沙流油的江苏高邮鸭蛋搭配上肥瘦相宜的猪肉，一口咬下，哇，那油亮的糯米和着软绵的猪肉，滋味极其丰厚。

在云南，黑松露和云南宣威火腿拌入粽米，经过
几个小时的蒸煮，那咸鲜丰厚之味真是奢侈的滋味。

广东的碱水粽也是相当有特色，在过去，没有食
用碱时，人们是用草木灰的浸泡液来充当纯碱溶液的。
糯米在碱水中浸泡过夜，第二天再包成粽子，蘸上白
糖，白糖在口中嘎吱嘎吱响，加上这草木灰的清香，
味道棒极了。

酿造技术的出现，又进一步升华了大米。甜蜜浓香的醪糟则是酿酒而得的一种美味。

醪糟是陕西的叫法，翻过了秦岭叫法就不一样了，有的叫甜酒，有的叫米酒，较为普遍的叫法为酒酿。

做醪糟最好选用优质的圆糯米，相比长糯米口感上要更为甜腻。糯米浸泡四五个小时后，倒在笼屉上大火直接蒸熟，蒸完后的糯米冷却到不烫手后，再拌上酒曲，放在干净无油的小盆里，在中间用勺子挖一个小洞，撒一点凉白开，封好以后放在温暖的地方等待发酵。

因为酒曲的加入，一段让人期待的旅程开始啦。四五天后，揭开盖子，一股带着米酒融合的香味扑面而来，此刻醪糟绵软松弛且轻盈，这朴实无华的稻米再一次让我们感受到它是我们生活美味的馈赠。

沸水冲开醪糟是最为简单直白的做法。在南方，人们更爱在醪糟中放些丸子、汤圆，成为甜甜蜜蜜的红豆醪糟小圆子、酒酿汤圆。

而陕西人最爱的是一碗鸡蛋桂花醪糟。黄澄澄的鸡蛋裹满醪糟的酸甜，蓬松柔软，加入几颗鲜红的枸杞更是让人食欲大开。

一碗醪糟，生活不糟

183

温州糯米饭

糯米饭

糯米饭也是中国传统主食之一，特别是在南方人眼里，一碗香喷喷的糯米饭藏着旧时的记忆。

在物资匮乏的年代里，因为糯米比较耐饥，外出劳作的人尤其爱吃糯米饭。虽然现在生活水平大大提高，但是这碗承载历史、蕴含乡味的糯米饭依旧很受欢迎。

在温州，油条碎和肉末汤是糯米饭的标配。碗里盛上糯米饭，再放上油条、肉松，一勺香菇肉末汁一浇，哇，咬一口油条滋啦作响，糯米饭咀嚼起来更是香软黏糯，加上鲜咸适口的肉味，全身都洋溢着幸福。

云南省西畴县有一种金糯米饭更是别具特色。每年农历二月初一，家家户户都会蒸制金色糯米饭，做祭祀贡品。这种黄金糯米饭是用山上的花草染色，不但有糯米原本的香味，还有花儿淡淡的清香，加上蒸饭木桶独有的木香，糯米饭入口即化，香甜柔软，三种香气流于唇齿间。

米磨成粉

把米磨成了粉，米食从此更是变得多姿多彩，由此更是造就了一个更为庞大的米食的新世界。

因为变成了粉，就有了各种塑型的可能。长条的年糕、圆形的米粑粑、细长的米粉米线、片状的肠粉……这些米磨出来的粉，在不同的人手中，变成滋味各异、形状不一的美食。

在上千年的碾米经验中，中国有水磨、湿磨和干磨碾米方式。

干磨粉是将米直接磨成细粉。粉面干燥，不易变质。但粉质较粗，口感较差，适合做一般性的糕团及象形点心。

湿磨粉则是米要经过淘洗、涨发、静置、淋水等进程，直至米粒酥松后磨制成粉。湿磨粉的优点是质感细腻，富有光泽，但因为含水量高，难以保存。

　　水磨粉则是先淘米，再浸米，然后水磨，最后压粉，连米带水一起磨，一般水和米的比例一样，磨出的是米浆。米浆使用料袋压干或者吊干滤去水分变成水磨粉。水磨粉粉质细腻，口感滑糯。汤圆、麻球等点心一般都是水磨粉做成的。

　　目前，市面上卖的包装好的米粉一般都是水磨粉，粉质非常细腻。

年糕

正如饺子是北方人必不可少的美食，南方人也需要一种美食象征如意吉祥。于是，紧致滑软的年糕在江南的一座座小城里登场。年糕，可以说是在米食中，最富有祝福性的一种食物了。年糕年糕，有着"年年高"的美好寓意。

春节前，只要是产米的地方，百姓都会喜气洋洋地做年糕。宁波的年糕要大力舂捣，广东的萝卜糕材料丰富、味道爽滑，而苏杭一带的桂花年糕则软糯香甜。

年糕的吃法也是多种多样，以前在寒冬腊月，把年糕简单地放到灶台内一煨，煨好后掰去炭黑，里头就是滚烫白嫩的年糕，吃起来外酥内柔，口感软糯，入口后稻米的香气混合老灶独特的烟火味，喷香喷香的。

江浙人正月里早餐也少不了年糕，捞两条年糕切成小段，在锅里白水煮软后，用红糖一蘸，弹牙可口，香气四溢。有的人家把青菜、年糕、隔夜饭一煮，一碗年糕菜泡饭就做好了，这日常的美味暖胃又暖心。

相比起来，年糕炒蟹则是一道饕餮美食。膏满肉肥的梭子蟹搭配着软糯的年糕，简直美味得不可方物。油润的年糕吸收了梭子蟹的鲜香，鲜浓汤汁滴溜溜挂满一身，入口咀嚼，那份由表及里的鲜甜浓香，赛过吃螃蟹。

米粉

走，嗍粉去！

嗍粉指的就是吃米粉，当筷子夹起米粉入口，"suo"的一声，米粉便顺利地吸入口中。

在我国的版图上，爱嗍粉的省份可不少，湖南人、广西人、云南人、贵州人、江西人，统统爱吃粉。这些省份的人们将大米通过浸泡、蒸煮、压条等工序制成散发着稻米清香的米粉，然后加以不同的佐料煮熟，然后就有了花样百出的中国米粉。

米粉，是南方人比拼地方风味的江湖。

湖南人的早上是被米粉叫醒的。在湖南，一个县一种方言一个米粉。所以，湖南米粉种类多得不计其数。

广西除了红出圈的螺蛳粉，还有遍布全国的桂林米粉、南宁老友粉，以形态闻名的粉虫和卷筒粉，以做法闻名的生榨米粉。

有着西南内陆的"鱼米之乡"之称的贵州生产了非常优质的稻米，贵州把稻米做成米粉，加不同料，也就有了不同的粉。兴义羊肉粉、花溪牛肉粉……搭配油辣椒，那一层厚厚红油瞬间就能激发味蕾。

南昌拌粉、宜春炒粉、吉安贡粉、鹰潭牛肉粉、抚州泡粉、赣州薯粉、萍乡炒粉、九江炒粉、上饶铅山烫粉、景德镇凉粉……江西也是个嗜粉大省。跟别人不同的是，江西人的米粉一定要有灵魂伴侣——瓦罐汤，瓦罐汤加拌粉才是江西人的灵魂。

一碗冒着热气的粉，是人间烟火最简单的幸福。

191

肠粉

肠粉，广东早餐界的王者。

和湖南、广西的米粉不一样，广东的肠粉并不是粉，而是一种用大米的米浆蒸制而成的薄皮，再搭配各种馅料制成。在广东，肠粉又叫卷粉、猪肠粉、拉肠。

做肠粉不是一件容易的事，现泡、现磨的米浆做出的肠粉才有那个味道。一般前一天晚上就要开始泡米、洗米，到了早上把泡好的米磨成黏稠度合适的米浆，米浆倒入到可抽拉的铁盘中，然后让米浆在铁盘中均匀地摊开，再逐渐撒上各种馅料，再去蒸制。蒸制的火候和时间都十分讲究，否则可能导致粉皮过老，或是馅料不熟。

刚刚出炉的肠粉，薄如宣纸，粉皮还泛着油亮的光泽，馅料在肠粉的粉皮中若隐若现，沾上秘制的酱汁，怎一个鲜字了得！

汤圆

　　汤圆该是甜的还是咸的？关于这个问题南北方人们的争议从未停止过。然而，不管汤圆里面的馅料是甜还是咸，汤圆都是以水磨糯米为皮，用糯米粉包成圆形，外层极软极糯。

　　不过里面的馅南北方差异就大了，北方的元宵是甜的，里面的馅儿有白糖、桂花、芝麻、豆沙、枣泥等。南方的汤圆除了甜的，还有猪肉、鸡肉等做馅儿，更是花样百出。

　　"家家捣米做汤圆，知是明朝冬至天。平安皮包如意馅，冰天雪地下觉寒。"旧时，汤圆都是家家户户手工制作的，现在，我们依旧想念手作汤圆的温度，因为它不单单是一种食物，更含着一家人团圆的美满寓意。

米豆腐

湘黔川鄂地区有道著名的小吃叫米豆腐，虽叫豆腐，但却是米做的。湖南湘西的米豆腐，因电影《芙蓉镇》而名满天下。

米豆腐的做法就和制作普通豆腐类似，同样要加入"卤水"。取籼米浸泡一晚，磨浆，以前多用草木灰或石灰水点卤，现在大多改为食用碱。加入适量的碱后，在大锅中熬制，一直等到米浆冷却成形之后，取出，切成小块。

不同地方吃法不一样，有的地方是用各种调味料制成蘸汁，蘸食即可。有的地方是凉拌食用，还有炒、煮等各种吃法。

米粉蒸肉

四川人酷爱吃粉蒸肉，在传统乡宴的"九大碗"中，粉蒸肉是不会缺席的。

粉蒸肉是以带皮五花肉、米粉和其他调味料制作而成。米粉是炒米、八角、桂皮和茴香等调料磨成的粉。肥瘦相间的五花肉裹上米粉，上屉蒸熟，做好的粉蒸肉上桌后，米粉油润，肉香扑鼻，软糯清香。

其实，粉蒸肉不为四川独有，重庆、湖南、安徽、江西、湖北、浙江、福建等省份都钟情于这道粉粉糯糯的菜。

米肉相融、浑然天成……不管是哪个地方的粉蒸肉，在当地人的记忆里都留存着软糯、丰泽、肥美的味道。

199

图书在版编目（CIP）数据

中国美食之源 . 稻米传奇 / 周莉芬主编 . -- 北京：中国科学技术出版社，2023.7
ISBN 978-7-5236-0198-3

Ⅰ . ①中… Ⅱ . ①周… Ⅲ . ①水稻－普及读物 Ⅳ . ① TS2-49

中国国家版本馆 CIP 数据核字 (2023) 第 077050 号

策划编辑	徐世新
责任编辑	向仁军
封面设计	锋尚设计
正文版式	玉兰图书设计
责任校对	吕传新
责任印制	李晓霖

出　　版	中国科学技术出版社
发　　行	中国科学技术出版社有限公司发行部
地　　址	北京市海淀区中关村南大街 16 号
邮　　编	100081
发行电话	010-62173865
传　　真	010-62173081
网　　址	http://www.cspbooks.com.cn

开　　本	710mm×1000mm　1/16
字　　数	178 千字
印　　张	13
版　　次	2023 年 7 月第 1 版
印　　次	2023 年 7 月第 1 次印刷
印　　刷	北京长宁印刷有限公司
书　　号	ISBN 978-7-5236-0198-3/TS·108
定　　价	498.00 元（全五册）